Der **KNIGGE** für EISENBAHNER und FAHRGÄSTE

Eberhard Urban

transpress

Einbandgestaltung: Sven Rauert
Foto: Archiv transpress

Bildnachweis: Die zur Illustration dieses Buches verwendeten Aufnahmen stammen – wenn nichts anderes vermerkt ist – vom Verfasser.
Die Bilder wurden in Eisenbahnmuseen und Museumseisenbahnen aufgenommen, viele Schilder stammen von LUSA Exclusiv Markus Schmitt GmbH in Bellheim, einer traditionsreichen Fabrik von Emailschildern.
Seite 11 und 13: MEV-Verlag

ISBN 978-3-613-71463-2

1. Auflage 2013

Sie finden uns im Internet unter www.transpress.de

Lektor: Hartmut Lange
Innengestaltung: Kornelia Erlewein, grafik + design
Druck und Bindung: L.E.G.O. SpA, 36100 Vicenza
Printed in Italy

Zu den Zügen
64 289
Ungesicherter
Bahnübergang
Bei schlechter Sicht
kein Durchgang

Im Schilderwald der Personenbeförderung

Die Eisenbahnen, ursprünglich eine Bezeichnung für die eisernen Schienen, dann übertragen auf das gesamte Verkehrssystem, haben die Welt verändert. Die Eisenbahnen beförderten Güter und Menschen in einem Umfang und mit einer Geschwindigkeit, die vorher nicht vorstellbar waren. Zugleich förderte die Eisenbahn auf rasante Art den Fortschritt und die technische Entwicklung. Landschaften und Städte veränderten ihr Aussehen, Arbeit und Leben wandelten sich. Das komplexe neue Verkehrssystem erforderte Regeln und Gesetze, Gebote und Verbote im großen Gesellschaftlichen und im alltäglichen Betrieb, an die sich Eisenbahner und Fahrgäste zu halten hatten. Kurze Hinweise, oft im Befehlston, um Gehorsam einzufordern, sollten Sicherheit und Ordnung gewährleisten.

„Wir fahr'n so jemütlich uff de Pferde-bahn, det eene Pferd, det zieht nich, det andre Pferd is lahm...".

Schienenwege, in den Fels geschnitten, gibt es schon in prähistorischen Zeiten, wie es zum Beispiel solche Schienenwege auf Malta zeigen. Ums Jahr 1500 fuhren in den Stollen der Bergwerke Wagen auf hölzernen Schienen. Eiserne Schienenbahnen, auf denen Wagen von Pferden gezogen wurden, dienten ab 1767 zuerst in England dem öffentlichen Nahverkehr. Bald gab es auch auf dem Kontinent in den großen Städten Pferde-Straßenbahnen, die bis weit ins 19. und bis zu Beginn des 20. Jahrhunderts als Pferdetram oder Rösslitram in Betrieb waren. Schon damals musste mit Geboten und Verboten der möglichst gefahrlose Betrieb geregelt werden.

In manchen Museen sind Pferdebahn-Wagen im Modell ausgestellt. Nur die braven Tiere mit ihren Pferdestärken, die vor diese Wagen gespannt sind, täuschen geschickt vor, aus Fleisch und Blut zu sein.

Die Geschichte der Eisenbahn ist am Anfang zugleich die Geschichte der Straßenbahn. Die erste funktionsfähige Lokomotive der Welt wurde von Richard Trevithick 1803/1804 konstruiert, nachdem er 1802 schon eine Straßenlok gebaut hatte. Die neue Lok für die Pen-y-Darran Colliery Tramway zerstörte allerdings bei ihrer erfolgreichen Fahrt den Schienenweg und wurde fortan als stationäre Dampfmaschine benutzt. Vor Trevithick gab es eine Reihe von Konstrukteuren, die Dampfwagen für den Betrieb auf Straßen konstruiert hatten.

1679 soll Philippe Grimaldi einen von Ferdinand Verbiest erfundenen Dampfwagen dem chinesischen Kaiser vorgeführt haben. Dampfwagen auf Schienen nutzten die geringe Reibung der Räder und die Steuerungsfreiheit. Die ersten Versuche, elektrisch getriebene Lokomotiven herzustellen, führen bis ins Jahr 1835 zurück. 1878 baute Henning Wesslau im Auftrag von Werner von Siemens eine kleine Elektrolok, die auf der Berliner Gewerbe- und Industrieausstellung Personenwagen zog. Die erste elektrische Straßenbahn verkehrte 1881 in Berlin-Lichterfelde.

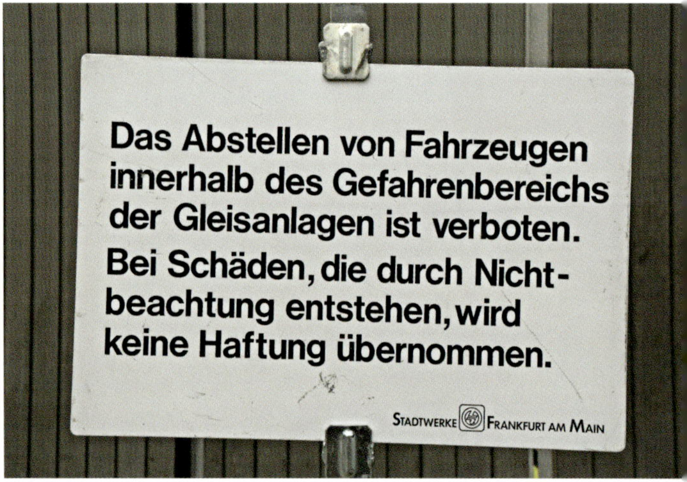

Vielfältig sind die Anfänge der deutschen Eisenbahn. Ihre Wegbereiter waren Dichter wie Goethe und Achim von Arnim, Techniker wie Henschel und Harkort, Ökonomen wie Friedrich List. Am 7. Dezember 1835 fuhr der erste fahrplanmäßige Zug von Nürnberg nach Fürth, gezogen von einer englischen Lokomotive aus der Fabrik »George Stephenson and Company«, auch der Lokführer William Wilson war aus England importiert worden. Um einen sicheren Zugverkehr zu gewährleisten brauchte es Gesetze und Verordnungen, Warn-, Gebots- und Verbotsschilder.

Von den Anfängen der Eisenbahn mit Dampflokomotiven, die bei den Museumseisenbahnen immer noch brav ihren Dienst versehen, über Elektro- und Dieselloks, sind bis heute die Bahnbetreiber verpflichtet, die Sicherheit der Züge, des Bahnpersonals und der Fahrgäste zu gewährleisten. Je schneller die Züge auf den Gleisen dahin eilen, desto größer müssen die Sicherheitsvorkehrungen sein. Das Personal hat sich nach ausführlichen Betriebsordnungen (BO) zu richten und auf kurze Hinweise. Für die Fahrgäste sind die Hinweise knapp und verständlich.

Die Eisenbahn als neues System veränderte alles. Ihre neue Technik war immer wieder Neuerungen, Verbesserungen und Veränderungen unterworfen. Die Schienenwege veränderten die Landschaften, schmückten sie mit Brücken, Viadukten und Tunneln. Die Städte änderten ihre Ansichten mit den Bahnhöfen – teils idyllische Bauwerke, teils imposante Kathedralen des Verkehrs. Die Errichtung, Instandhaltung, Erneuerung und Ergänzung dieser spezifischen Infrastruktur der Eisenbahn benötigte ungeheure Mengen an Materialien und schier grenzenlosen Einsatz von Arbeitskraft. Frühere agrarische Gesellschaften verwandelten sich in neuartige Industriegesellschaften.

Das Leben und das Arbeiten der Menschen änderten sich. Das fing bei den Arbeitern an den Eisenbahnen und dem Personal der Bahnen an. Zudem strömten nun die Menschen in die Städte und benutzten die Eisenbahnen ebenso wie die Pendler, die morgens in die Städte fuhren und abends heimkehrten. Die Produkte der Industrie konnten wie die der Landwirtschaft massenweise mit Güterzügen über lange Strecken und auch ins Ausland transportiert werden. Durch die mühsam erkämpften Arbeitszeitverkürzungen und die Urlaubsansprüche fuhren zunehmend frohgemute Menschen mit der Bahn in die Ferien. Die Menschen brauchen Fahrkarten und Anweisungen zu Sicherheit und Ordnung.

Die Macht des Bahnhofsvorstehers und des Schaffners:

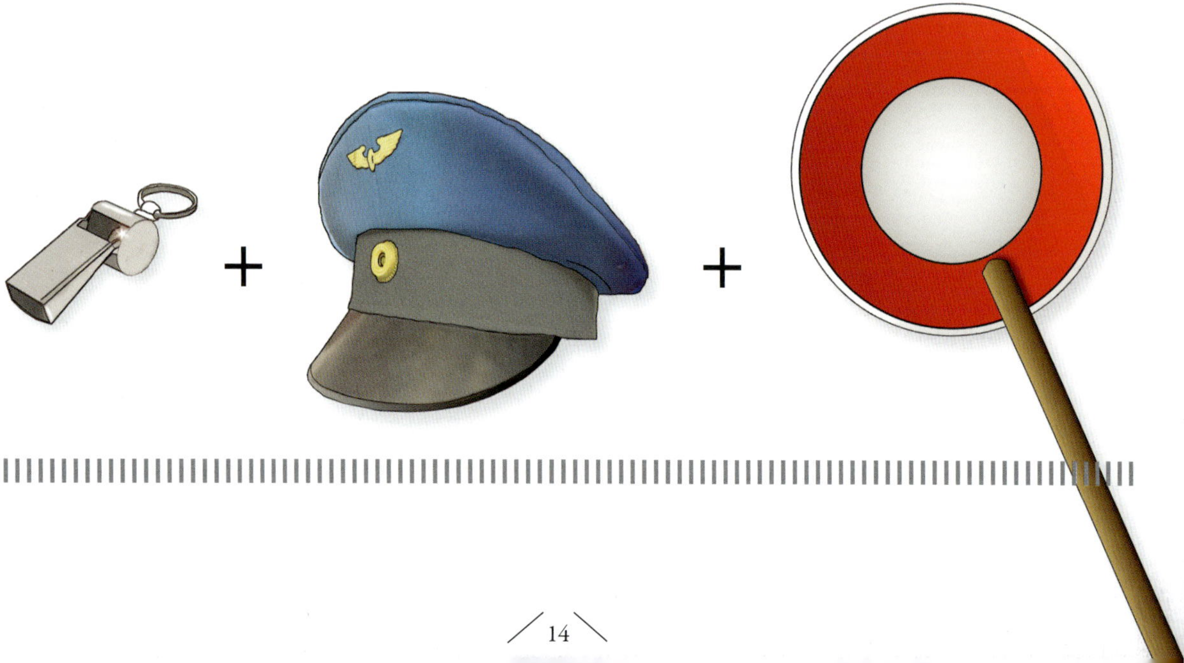

Fahrkarten

Fahrkarten
perſönlich vorzeigen!

+

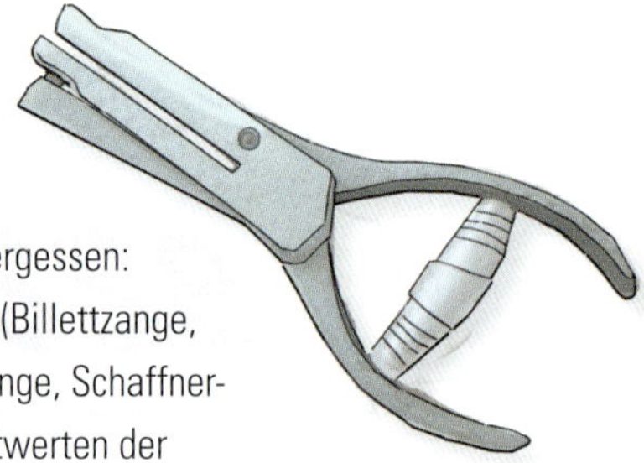

und nicht zu vergessen:
die Lochzange (Billettzange, Konducteur-Zange, Schaffnerzange) zum Entwerten der Fahrkarte.

Wer eine Fahrkarte hat, muss den richtigen Zug auf dem richtigen Bahnsteig finden. Fahrpläne, Anzeigetafeln und Wagenstandsanzeiger helfen dabei. An der Bahnsteigsperre muss die Fahrkarte erstmals vorgezeigt und gelocht werden. Wer nicht reserviert hat, darf nicht in die falsche Wagenklasse einsteigen. Die 3. Klasse, die es nicht mehr gibt, wird Holzklasse genannt, weil die Sitzbänke aus Holz sind. Die 2. Klasse hat gepolsterte Sitze, die 1. Klasse ist bequem und komfortabel. Wer über Nacht reist kann einen Platz im Schlafwagen reservieren.

I. CLASSE
Reserviert
Schlafwagen

Kurze, präzise und einprägsame Hinweise wurden anfangs außen und innen auf die Wände der Wagen und Lokomotiven oder auf Schilder gemalt. Bei der raschen Ausbreitung des Bahnverkehrs wurden dann Emailschilder benutzt, die widerstandsfähig und temperaturbeständig von minus 60 bis plus 450 Grad Celsius sind. Diese Schilder trotzen dauerhaft Wind und Wetter, halten Regen, Schnee und Hagel stand, bleichen nicht in der Sonne aus, mag sie noch so heiß und hell scheinen. Selbst vandalistischen Angriffen halten sie stand, mögen die bösen Buben oder Mädchen die Schilder zerkratzen oder beschmieren wollen. Die Emailschilder mit ihren Botschaften sind einfach zu montieren – mit zwei oder vier Schrauben. Ebenso leicht sind zu abzumontieren. Deshalb der dringende Appell an alle Eisenbahnfreunde und Sammler: Lasst bitte die Schilder in älteren Zügen, in den Museumseisenbahnen, auf den Bahngeländen und in den Bahnhöfen an ihrem Platz! Anderen Menschen helfen die Schilder, sich richtig zu verhalten, und sie ergötzen zum Teil mit ihren heute komisch wirkenden Ge- und Verboten.

Kein Stehplatz
Nicht hinauslehnen
Nicht hinauslehnen
Ne pas se pencher en dehors
Do not lean out

Der Aufenthalt auf der Bühne bei
geöffneten Gittern ist verboten

Der Aufenthalt auf der
Plattform ist verboten

Auf dem hintern Perron bleibt
dieser Platz für den Billeteur frei.

Platz des Schaffners
Bitte freihalten

Blumenpflücken
während der Fahrt
verboten!

Zwei Verbotsschilder, die in den modernen Zügen mit ihren automatisch schließenden Türen undenkbar sind. Aber in den bei Steigungen langsam fahrenden Zügen der Vergangenheit und bei manchen Kleinbahnen waren diese Hinweise notwendig. Das Verbot des Blumenpflückens stammt aus einem schmalspurigen Museumszug.

Billette,
Abonne-
mente
und
Abfälle
gefl. nicht
auf den
Boden
werfen
und
nicht
auf den
Sitzen
liegen
lassen.
Bitte!
Fahrtaxe
in
Kleingeld
bereit halten.
Abonne-
mente
und
Billete
unaufgefordert
und
offen
vorweisen.
Endziel
der Fahrt
deutlich
angeben.
Direkte
Wagen
benützen.

Ein notwendiger Brauch im Eisenbahnverkehr ist bis heute, dass die Fahrgäste ihre Fahrscheine, früher auch Billette genannt, vorzeigen zum Beweis, dass sie berechtigt sind, die Fahrt zu unternehmen. Und zum selbstverständlichen Brauch sollte gehören, dass die Fahrscheine nach der Fahrt nicht auf den Boden geworfen werden.

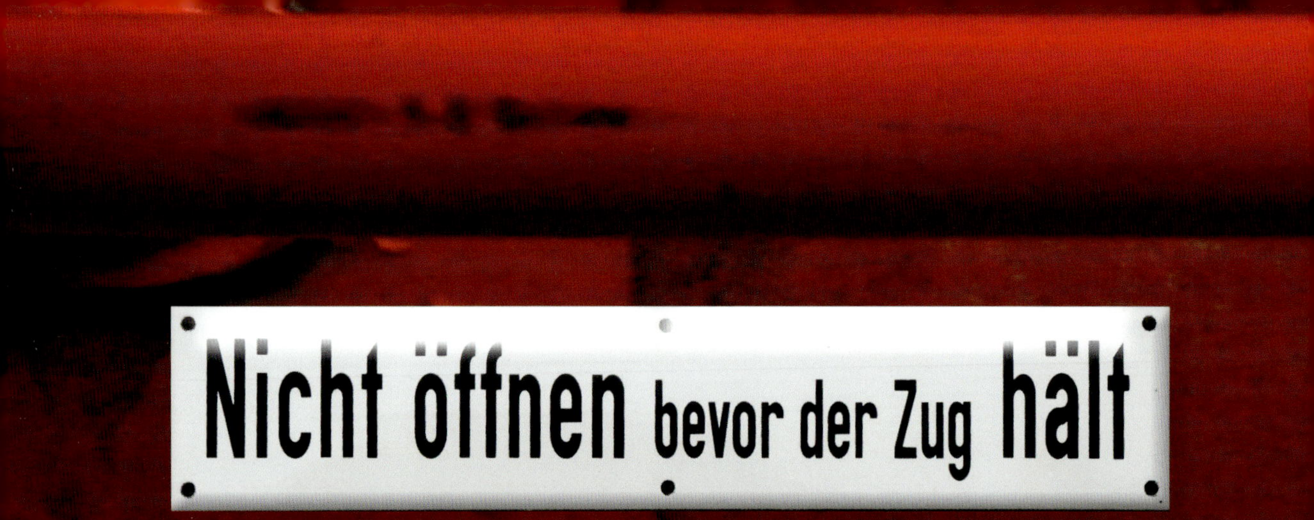

Früher konnte man während der Fahrt die Türen öffnen, um vorzeitig auszusteigen oder bei der Abfahrt noch aufzuspringen. Diese gefährlichen Aktionen befriedigten das Selbstwertgefühl der Auf- und Abspringer, die sich aber zum Teil schwer verletzten oder – im schlimmsten Fall – unter die Räder und zu Tode kamen. Moderne Türen lassen sich erst öffnen, wenn der Zug hält.

Do not open,
before train stops
Ne pas ouvrir
avant l'arrêt du train
Non aprire prima
che il treno sia fermo
Zu
Shut
Fermé
Chiuso
Offen
Open
Ouvert
Aperto

Beim
Absteigen
linke Hand
am linken
Griff

»Linke Hand am linken Griff!« – Der Straßenbahnschaffner zeigt, wie man die Griffstangen richtig nutzt, als er dem Fahrgast mit einer kleinen akrobatischen Einlage seinen vergessenen Schirm aus der Trambahn reicht. Diese Werbung der traditionsreichen Stuttgarter Schirmmanufaktur Hugendubel stammt aus einer Zeit, als ein Regenschirm noch ein Wertgegenstand war. Und was in anderen deutschen Städten einfach nur »Knirps« genannt wurde, schätzten die Einwohner der Schwabenmetropole als ihren »Hugendubel«.

Suche beim Stehen festen Halt

Weil der Fahrkomfort der Schienenfahrzeuge früher deutlich geringer war, gehörte es zu den Pflichten der Fahrgäste, sich einen festen Halt zu verschaffen. Doch erfahrene Passagiere wissen: Auch heute noch schützt der Griff zur Haltestange vor möglichen Blessuren bei einer eventuellen Notbremsung.

Der
Fahrgast
hat die
Pflicht
sich auf dem
Wagen sofort
festen Halt
zu verschaffen

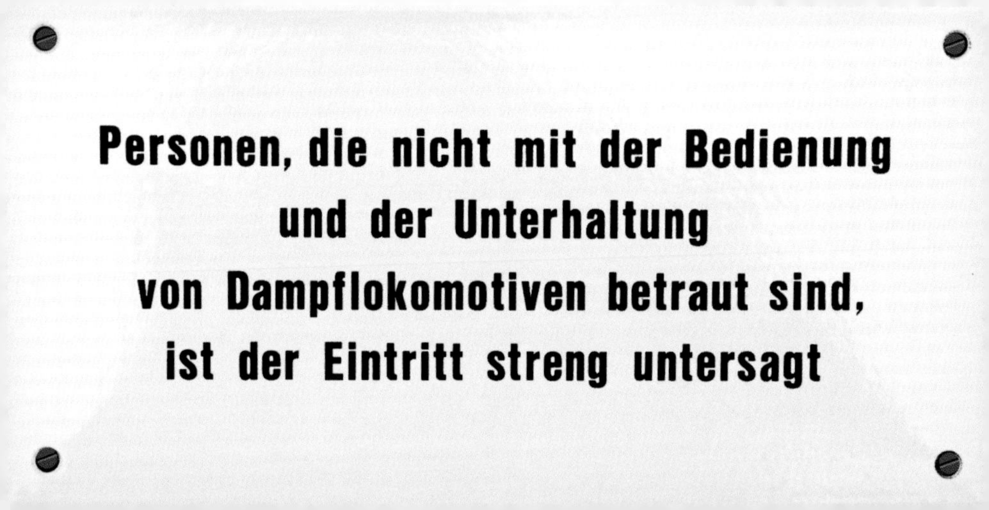
Personen, die nicht mit der Bedienung
und der Unterhaltung
von Dampflokomotiven betraut sind,
ist der Eintritt streng untersagt

Durchgang verboten!
Zutritt verboten
Unbefugten ist der Eintritt nicht gestattet

Für Notfälle ...

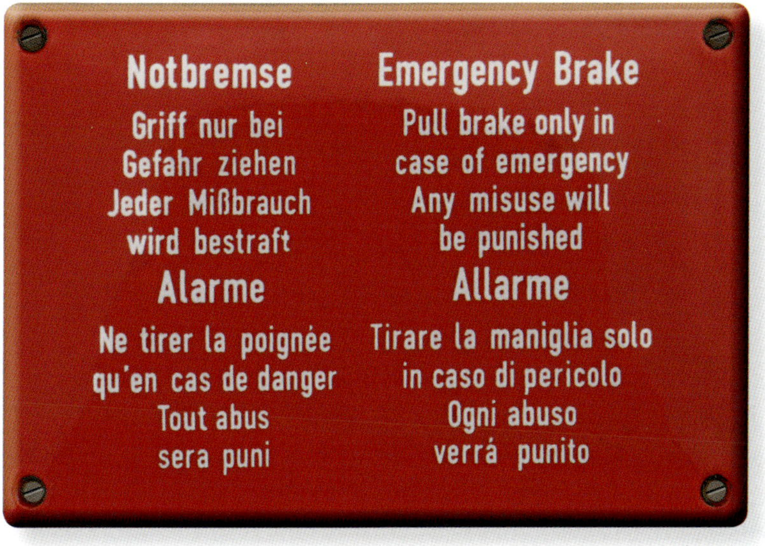
Notbremse
Emergency Brake
Griff nur bei
Gefahr ziehen
Jeder Mißbrauch
wird bestraft
Pull brake only in
case of emergency
Any misuse will
be punished
Alarme
Allarme
Ne tirer la poignée
qu'en cas de danger
Tout abus
sera puni
Tirare la maniglia solo
in caso di pericolo
Ogni abuso
verrá punito

Notbremse
Griff nur bei Gefahr ziehen!
Jeder Mißbrauch wird bestraft

Notbremse
Handgriff nur bei Gefahr ziehen
Jeder Mißbrauch wird bestraft
Alarme
Ne tirer la poignée
qu en cas de danger
Tout abus
sera puni
Allarme
Tirere la maniglia solo
in caso di pericolo
Ogni abuso
verrà punito

»Fahrzeuge, in denen Personen befördert werden, müssen leicht sichtbare und erreichbare Notbremsgriffe haben, durch die eine Notbremsung eingeleitet werden kann. Die Notbremseinrichtung darf so beschaffen sein, dass eine eingeleitete Notbremsung aufgehoben werden kann. Bei Stadtschnellbahnfahrzeugen ist es zulässig, dass die Betätigung eines Notbremsgriffes außerhalb von Bahnsteigbereichen nur eine Anzeige im Führerraum auslöst.«

So steht es in der Eisenbahn-Bau- und Betriebsordnung (EBO).

Notbremsen sind Druckluftbremsen, moderne Triebwagen haben elektropneumatische Notbremsen.

Keine brennenden Gegenstände
aus dem Zug werfen!
Waldbrandgefahr!

Rauchen verboten

Feuerlöscher

Das stille Örtchen

Das stille Örtchen war in alten Zügen ein lauter Abort. Das Rattern der Räder dröhnte lärmend in die ruckelnde Abgeschiedenheit. Hier sorgte eine Fülle von Vorschriften dafür, dass sich die Damen und Herren gebührlich verhielten. Die Bahnoberen gingen wohl mit Recht davon aus, dass Ihre Fahrgäste, gleich welchen Stands oder Geschlechts, nicht immer von sich aus anständiges Verhalten ausübten und sich um die eigene Hygiene und Gesundheit und die der anderen Fahrgäste kümmerten. So brachte das Thema, über das man sonst nicht spricht, viele amtliche Sprüche hervor.

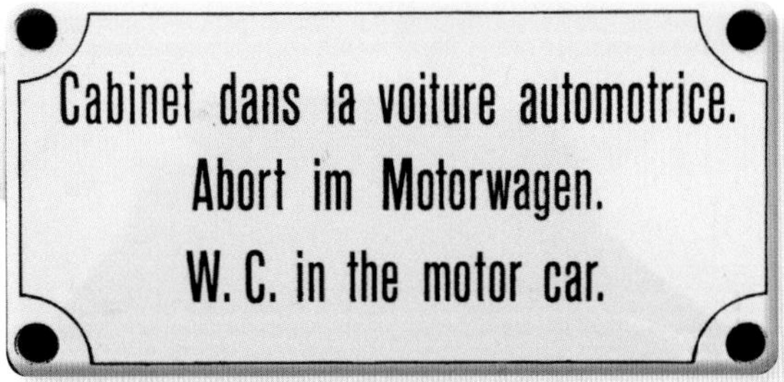
Cabinet dans la voiture automotrice.
Abort im Motorwagen.
W. C. in the motor car.

Klosett

Behelfsabort

Für dieser stille Örtchen
nur ein kleines Wörtchen
Verlasse diesen Platz
so sauber wie die Katz
damit ihn auch der Hintermann
genau so sauber halten kann!

Lokus

Abtritt
Donnerbalken
Bedürfnisanstalt

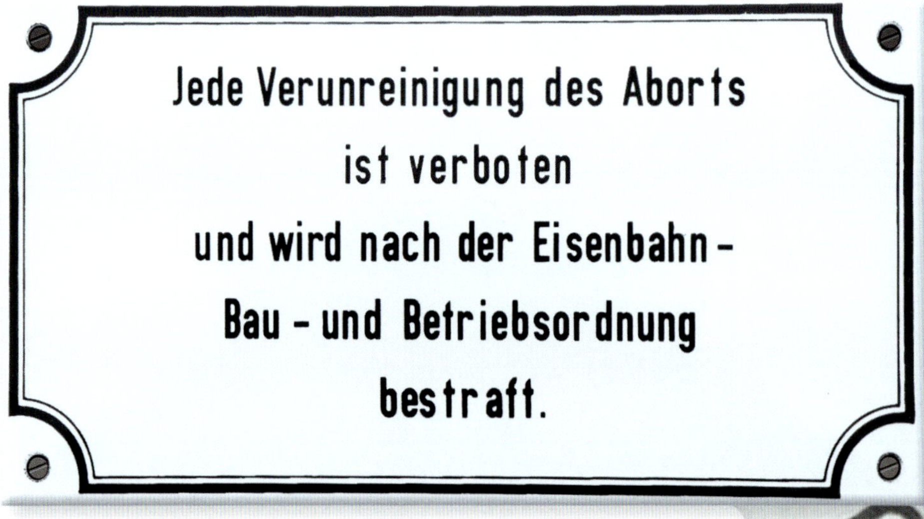

Klo

Für kleine Königstiger

Deckel
heben
Spülen

Kein
Trinkwasser

Nur als Waschbecken
zu benutzen

Spülen und Abort-
deckel schließen

Während des Aufenthaltes
auf Bahnhöfen den Abort
nicht benutzen
Es wird ersucht den
Abort während des Aufenthalts
des Zuges auf einer Station
nicht zu benutzen.

Früher ging der Inhalt des Klobeckens über ein Fallrohr direkt auf die Gleise, und das war nicht sehr hygienisch – vor allem wenn der Zug im Bahnhof anhielt. Da sich die Toiletten meist direkt neben der Tür befanden, konnte man hier bereits den einschlägigen Geruch wahrnehmen.
Moderne Züge hingegen haben Toiletten, wo der Inhalt des Klos in einem Tank aufgefangen wird, der dann regelmäßig maschinell geleert und gereinigt wird.
Also, heutzutage besteht kein Grund mehr, die Toilette während eines Halts am Bahnhof nicht zu benutzen.

Knigge für die werten Fahrgäste

Ist das Kapitel Klosett endlich beendet, gibt es nur noch eines zu beachten:

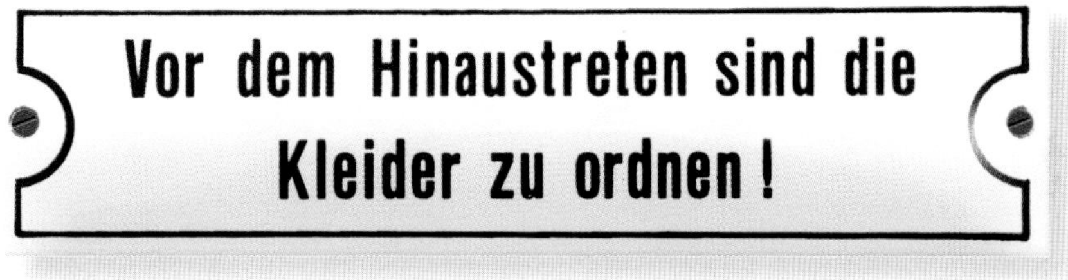

Bei den Sammlern der Emailschilder der Bahn sind die Klosett-Schilder besonders beliebt. Sie werden an und in der Toilette angebracht – zum eigenen Spaß und dem der Gäste. Andere Schilder schmücken die Räume vom Hobbykeller bis zum Schlafzimmer (»Kein Stehplatz«).

Die Schilder gibt es auf dem Flohmarkt, in den Shops der Museumseisenbahnen und Eisenbahnmuseen. Sie werden bitte auf keinen Fall in den Museumszügen heimlich abmontiert. Das verhindert den nachfolgenden Fahrgästen den Spaß und verhindert, dass diese sich ordentlich verhalten.

Von den Original-Emailschildern gibt es originalgetreue Replikate, die sich nicht von den Vorlagen unterscheiden.

Empfehlungen für die Damen

Die Hutnadel-Schilder waren notwendig zu der Zeit, als die Damen noch Hut-Ungetüme auf dem Kopf trugen, die in der meist üppigen Haartracht nur mit spitzigen Hutnadeln zu befestigen waren. Beim ruckelnden Anfahren oder Bremsen der Züge, beim holprigen Fahren über harte Weichen konnten die Hutnadeln den Mitreisenden gefährlich werden.
Diese Warnschilder sind bei Sammlern beliebt.
Sie werden in derselben Manufaktur hergestellt, die schon für die Reichsbahn und die Bundesbahn die Emailschilder fertigte.

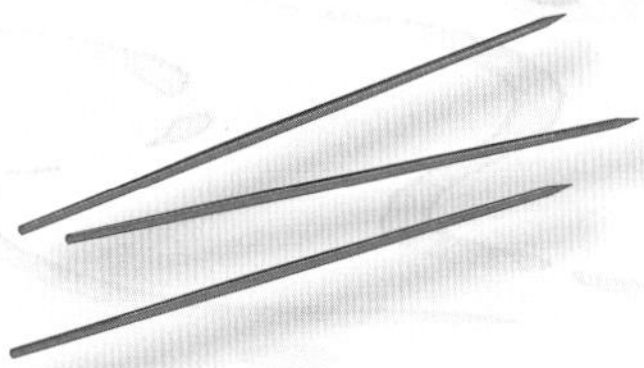

Unverdeckte Hutnadeln bildeten eine Gefahr für die Mitreisenden.

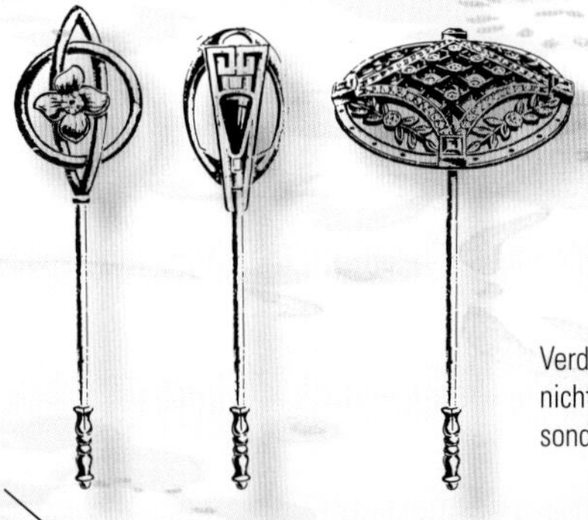

Verdeckte Hutnadeln waren nicht nur echte Schmuckstücke, sondern auch ungefährlicher.

Ungeschützte Hutnadeln verboten

Damen mit unverdeckten Hutnadelspitzen
sind von der Beförderung ausgeschlossen
(§ 23 der Polizeiverordnung vom 25. Januar 1912.)

Regeln für den Herrn

Die traditionsreiche Firma *LUSA Exclusiv Markus Schmitt GmbH, Fortmühlstraße 18, 76756 Bellheim, www.emailschildershop.com* fertigt auch für die Museumseisenbahnen die Emailschilder und liefert sie ebenfalls direkt an die Sammler.
Die Regeln für den Herrn, heute noch im Emailschildershop ein Renner, gelten nicht nur speziell für den Vertreter des männlichen Geschlechts, sie sind allgemeingültig. Aber wer wollte es wagen, einer Dame zu unterstellen, in den Wagen spucken zu wollen?

Solche Spucknäpfe gab es nicht in den öffentlichen Verkehrsmitteln.

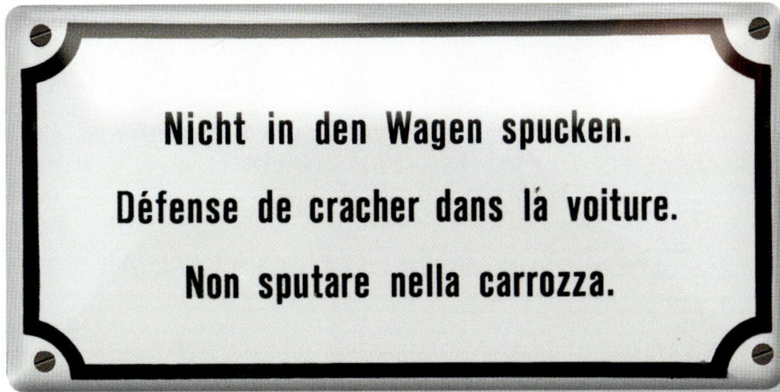
Nicht in den Wagen spucken.
Défense de cracher dans lá voiture.
Non sputare nella carrozza.

Zur Förderung der öffentlichen
Gesundheitspflege
wird dringend ersucht
nicht in den Wagen zu spucken.

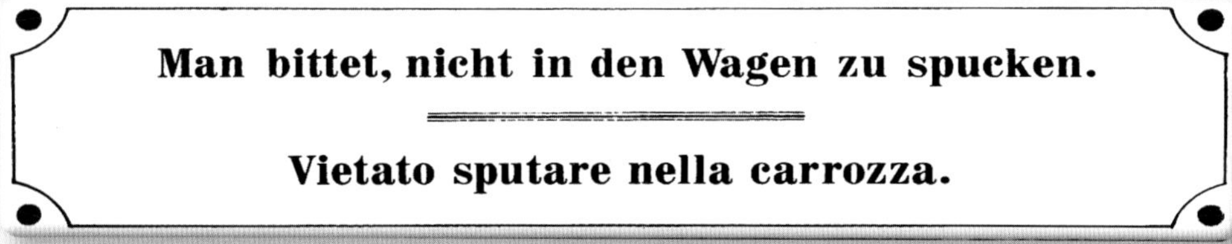
Man bittet, nicht in den Wagen zu spucken.
Vietato sputare nella carrozza.

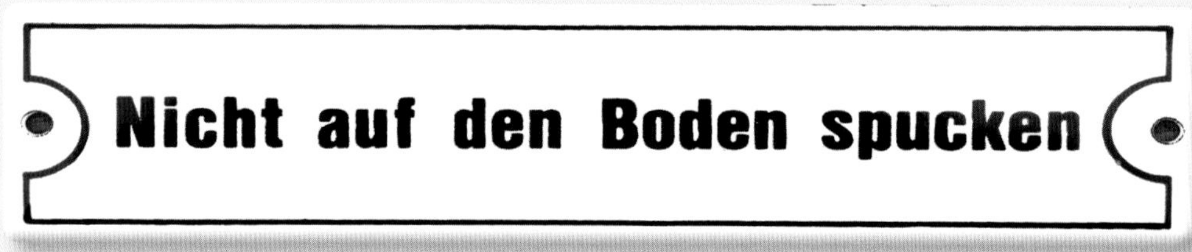
Nicht auf den Boden spucken

Beim Niesen, Husten, Spucken
bediene Dich des Taschentuches!

Beim Niesen, Husten, Spucken
bediene Dich des Taschentuches
Hamburger Hochbahn A.G.

Raucher.

In den heutigen Zügen gibt es zwei Klassen, wobei die 1. Klasse komfortabler und deswegen teuerer ist. Früher gab es bis zu vier Klassen. Und früher wurden die Fahrgäste noch nach Rauchern und Nichtrauchern unterschieden. Jene durften auch im Nichtraucherabteil sitzen, und die Nichtraucher durften auch im Raucherabteil reisen, sich aber nicht über die Raucher beschweren.

Heute sind alle Züge und Bahnhöfe raucherfrei. Kleine Raucherinseln auf den Bahnsteigen sind umlagert von qualmenden Reisenden, die kaum das Ende der Bahnfahrt erwarten konnten.

Ältere Eisenbahnfahrer erinnern sich mit Wehmut der Zeiten, in denen sie bequem im Raucherabteil saßen, eine schöne Zigarette, eine feine Zigarre oder eine genussvolle Pfeife rauchten. Dabei lasen sie ein Buch oder eine Zeitung, schauten aus dem Fenster, an dem Landschaften und Städte vorbeizogen, unterhielten sich mit ihren Mitreisenden, von denen keiner wegen des Rauchs die Nase rümpfte oder schimpfte, und niemand behauptete, dass Rauchen tödlich sei.

Raucherbereich
Raucher
Rauchen nur unter Zustimmung
aller Anwesenden gestattet
Fumeurs
Smoking

Nichtraucherbereich
Ab hier
Rauchen verboten
Nichtraucher
Nicht rauchen
und nicht auf den Boden spucken.

Rauchen nur auf der
hinteren Plattform
gestattet !
5 Stehplätze
Der Aufenthalt auf der Bühne bei
geöffneten Gittern ist verboten.

Rauchen
ist untersagt.
Brennende Zündhölzer
nicht wegwerfen!
Deutsche Reichsbahn

Warteraum

Kleine Kinder zahlen keinen Fahrpreis, größere Kinder zahlen weniger als Erwachsene. Kinder lieben das Bahnfahren, manche Knaben wollen später sogar Lokführer werden. Kinder sind zum Glück neugierig, sie wollen ihre Umwelt erkunden und entdecken. Auch bei einer Bahnfahrt. Was passiert, wenn die Notbremse gezogen wird? Wie weit kann man sich aus dem Fenster lehnen? Das ist bei modernen Zügen nicht mehr möglich, deren Fenster nicht zu öffnen sind. Bei älteren Zügen und bei Museumseisenbahnen gibt es offene Plattformen. Hier müssen die Erziehungsberechtigten besonders gut aufpassen. Aber Kindern fällt immer etwas ein, um Erwachsene in Angst und Schrecken zu versetzen. Wirksamer als barsche Verbote sind geduldige Erklärungen, warum, weshalb, wieso dies und das gefälligst zu unterbleiben hat.

Kinder werden manchmal bei der Bahn wie Gepäck behandelt. Sie fahren kostenlos mit oder zu vermindertem Tarif. Wenn Kindern erklärt wird, dass Eis und Pommes mit Mayo kleckern können, Flecken auf den Sitzen und auf ihrer Kleidung und der anderer Fahrgäste verursachen, verstehen sie das Eis- und Pommes-Verbot. Dass Rollschuhe vor dem Einsteigen ausgezogen werden müssen, wird verständlich, wenn den Kindern gesagt wird, dass zum Beispiel beim Anfahren oder Bremsen der Bahn Sturzgefahr besteht und Verletzungen die Folge sein können – nicht nur bei ihnen selbst, auch bei anderen Fahrgästen. Aber alle Erklärungen und Ermahnungen nutzen wenig, wenn die Eltern oder andere Erwachsene sich falsch verhalten, nicht mit gutem Beispiel vorangehen. Nur Erwachsenen obliegt die Sicherheit des Bahnfahrens. Eltern haften für ihre Kinder.

Der Aufenthalt auf der Bühne ist während der Fahrt
nur Erwachsenen
gestattet, wenn das Zugpersonal keinen Einspruch erhebt.

Hunde …

Die Beförderungsbedingungen der Bahnbetreiber lauten überall so oder so ähnlich: »Hunde können nur unter Aufsicht einer hierzu geeigneten Person und angeleint befördert werden. Hunde, die Fahrgäste gefährden können, müssen einen Maulkorb tragen. Die endgültige Entscheidung über die Mitnahme trifft das Fahrpersonal. Die Beförderung zugelassener Tiere ist unentgeltlich.« Selbstverständlich dürfen Kinder und Hunde nicht hemmungslos und mit wildem Elan durch die Abteile toben. Und wie die Menschen nicht die Sitze verunreinigen, indem sie ihre Schuhe auf die Sitze legen, so liegen die Hunde nicht auf den Sitzplätzen. Bei Mensch und Hund sind die Erziehung und das erwachsene Vorbild wichtig.

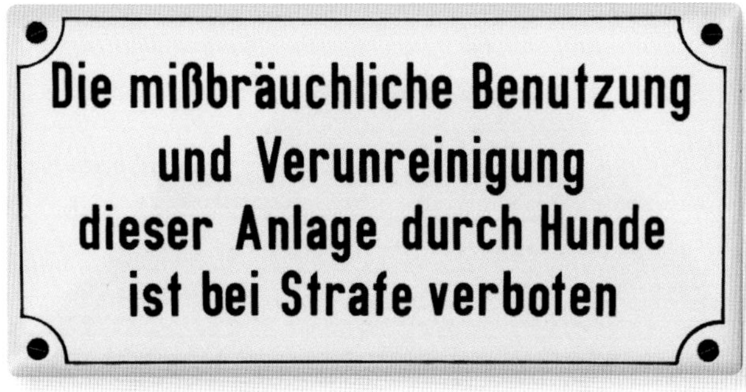
Die mißbräuchliche Benutzung
und Verunreinigung
dieser Anlage durch Hunde
ist bei Strafe verboten

Hunde
sind im Innern der
Bahnhöfe an der
Leine zu führen.
Reichsbahndirektion

Die internen Dienstvorschriften

Die Dienstvorschriften für die Eisenbahner sind heute in den betrieblich-technischen Regelwerken zusammengefasst. Die Regelwerke werden nach Bedarf halbjährlich zu den Fahrplanwechseln aktualisiert. Als gesetzliche Grundlage für die Eisenbahn dient das Allgemeine Eisenbahngesetz (AEG), das auch vom Eisenbahn-Bundesamt (EBA) veröffentlicht wird. In § 1 heißt es: »Dieses Gesetz dient der Gewährleistung eines sicheren Betriebs der Eisenbahn und eines attraktiven Verkehrsangebotes auf der Schiene bei dem Erbringen von Eisenbahnverkehrsleistungen und dem Betrieb von Eisenbahninfrastrukturen …« Ergänzende Gesetze und Verordnungen betreffen alle Bereiche der Bahn. Ähnliches gilt für andere Eisenbahnen in Europa.

Die Anweisungen in den Diensträumen waren nur für die Augen der Eisenbahner bestimmt. Fahrgäste sollten keine Angst haben, von einem trunkenen Lokführer ins Jenseits befördert zu werden. Bestand ein besonderer Grund für diese spezielle Aufforderung an die Beamten?

Bei Übertretungen der Aufforderungen zu hygienischem Verhalten der Bediensteten drohten ernste Konsequenzen.

Oberbahnhofsvorsteher
Bahnvorstand
Betriebsführer
Lokleitung

Ordnung muss sein! So lautet ein beliebter Spruch, den vor allem Eltern und andere Vorgesetzte bei jeder Gelegenheit äußern. Damit auch in einem Bahnhof oder einem Bahnbetriebswerk Ordnung herrscht, gibt es eigene Dienstzimmer für verschiedene Amtsinhaber. Damit jeder weiß, welcher Amtsinhaber sich hinter der jeweiligen Tür verbirgt, gibt es Schilder, die das kundtun. Bei einem allgemeinen Büro lautete das Schild »Bureau«, in der früher üblichen Schreibweise, als dieses französische Wort noch nicht eingedeutscht war.
Emailschilder im privaten Bereich künden in ironischer Weise an, wer hier zum Beispiel der Betriebsführer ist.

Ausfahrt
freihalten

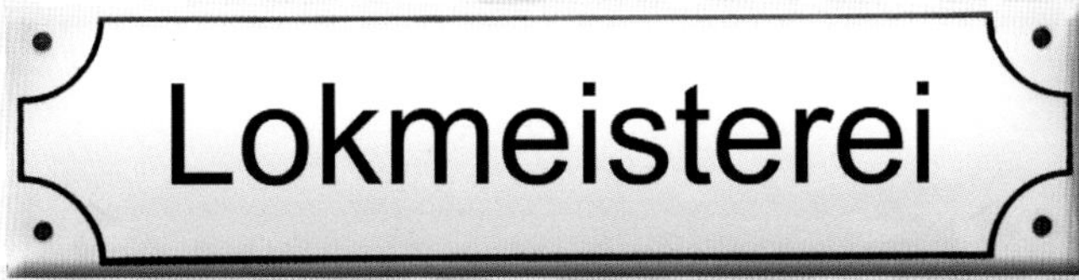
Lokmeisterei

Lokschuppen

Weisungszimmer
für Lokpersonal

Solche Hinweise sind nur Dampflokführern und Heizern verständlich.

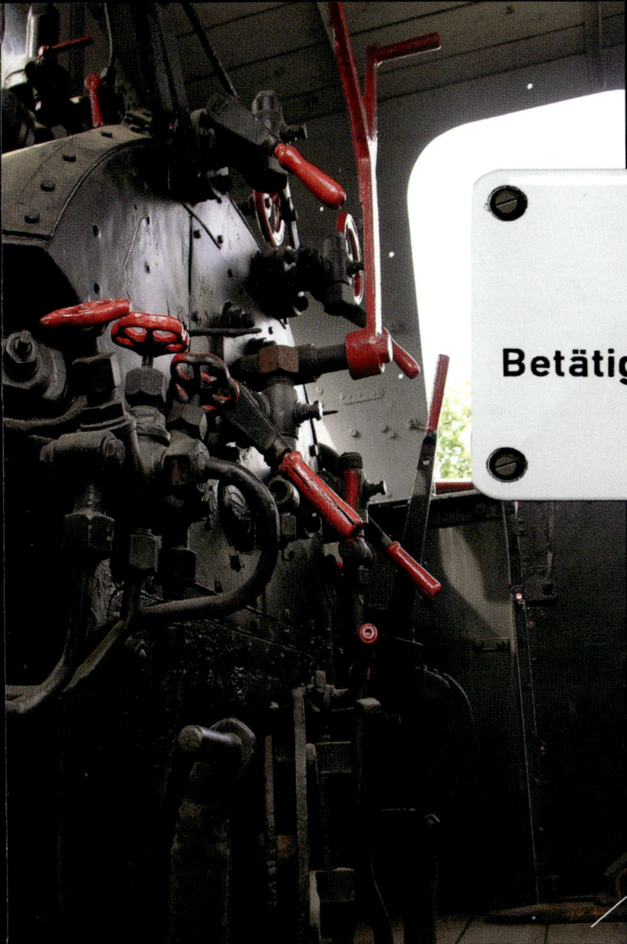

Hier sind Hinweise aus dem Führerstand einer Dampflok versammelt.
Unterfeuern ist die Bezeichnung für das Feuern unterm Kessel, und um die Ölabsperrung sofort durchzuführen, ist ein Notzug zu betätigen.
Der Dampfbläser ist die Einrichtung zum Reinigen der Heizflächen von Dampflokomotiven. Der Dampfbläser darf nur bei geschlossener Feuertür betätigt werden.

Lampisterie

In der Lampisterie wurden die Lampen für die Beleuchtung der Züge und der Eisenbahnanlagen aufgehoben und gewartet.

Ab 1836 gab es Kerzenbeleuchtung in den Zügen; bald auch Karbid-, Öl- und Petroleumlampen. Ab 1871 wurde die Beleuchtung mit verschiedenen Arten von Gas erprobt. Mit Akku-Batterien wurde ab 1881 die elektrische Beleuchtung eingeführt. Verschiedene Dynamomaschinen lieferten ein Jahr später den elektrischen Strom; am besten funktionierte der Antrieb von der Wagenachse.

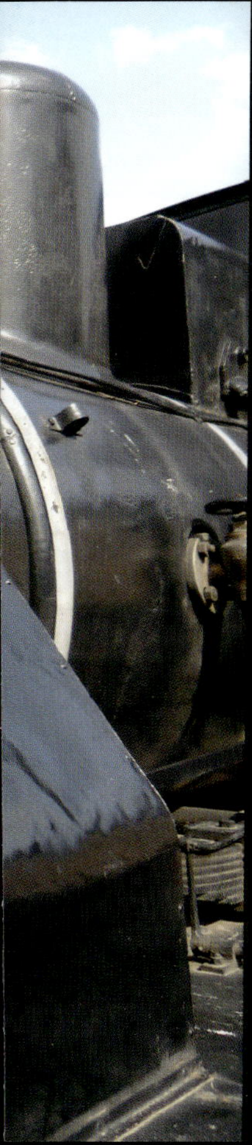

Bedienung
nur durch besonders
geprüfte Personen
gestattet
Bundesbahndirektion Stuttgart

Das Schür- oder Feuergerät – Geräte zum Bearbeiten des Feuers – ist rechts und links neben dem Kohlenkasten gelagert. Um sie zu benutzen, müssen sie gewendet werden. Bei den Einheitslokomotiven ab 1925 wurden besondere Behälter für das Schürgerät eingebaut, die aus Rohren bestanden, die unter der Kohlenentnahmeöffnung in den Wasserkasten ragten. Die Geräte brauchten nicht gewendet zu werden.

Das Besteigen des Kessels
und Tenders und das Wenden
von Schürgeräten ist unter
Fahrleitungen verboten.
Vorsicht beim Gebrauch des
Schürgeräts und beim Kohlen-
nässen.

Stauscheibe vorhanden
Achtung!
Hochspannung

Lass die Finger
von MASCHINEN,
die Du selbst
nicht kannst bedienen.

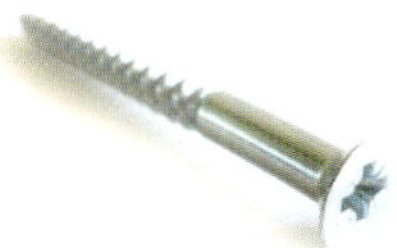

Sperrbezirk !
H
5

Im »Sperrbezirk« ist Straßenprostitution untersagt, oder wegen einer Tierseuche für Viehtransporte gesperrt, oder ein Gebiet, das aus Sicherheitsgründen gesperrt ist. Am Ende der Bahnsteige versperrt ein Männchen auf kreisrundem Schild den Weg.

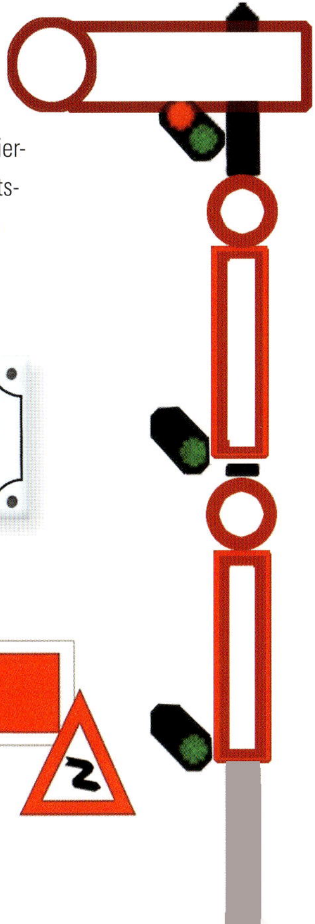

Die Definition der Bahn lautet: »Rangieren ist das Bewegen von Fahrzeugen im Bahnbetrieb, ausgenommen das Fahren der Züge.« Ein anderes Wort für rangieren ist: verschieben. Deswegen werden Rangierbahnhöfe auch Verschiebebahnhöfe genannt. Rangierbewegungen sind zum Beispiel das Auflösen oder Zusammenstellen von Zügen, die Fahrten von Triebfahrzeugen zu den Zügen, das Bereitstellen und Abholen von Wagen an Verladeeinrichtungen, das Überführen von Triebfahrzeugen, Wagen und Wagengruppen zu und von Werkstätten oder Abstellbereichen. Stets muss vorsichtig rangiert werden.

Da ist wohl was
schiefgegangen ...

Zeitgeschehen

In der Zeit der Nazi-Diktatur von 1933 bis 1945 wurde die Reichsbahn in den Dienst des Regimes gestellt. Truppen-, Material- und Waffentransporte hatten Vorrang vor dem zivilen Personen- und Güterverkehr. Nach dem Kriegsbeginn 1939 wurden auf den Bahnhöfen große Schilder angebracht, die verkündeten: »Räder müssen rollen für den Sieg!“ Als der Krieg, der vom Deutschen Reich ausgegangen war, nach Deutschland zurückkehrte, als die Bombardierungen von Fabriken und Wohnstädten bewirken sollten, dass sich das deutsche Volk von seiner Regierung abwandte, gab es in den Bahnhöfen Hinweis-Schilder mit der Aufschrift: »Zum Luftschutzraum für Reichsbahn-Fahrgäste«. Bei der Gefahr von Bombenangriffen herrschte das Verdunklungs-Gebot, sowohl in den Wohnungen und Werkstätten als auch in Bahnhöfen und in den Zügen. Die Deutsche Reichsbahn wies auf Schildern darauf hin: »Alle Reisenden dieses Abteils sind dafür verantwortlich, daß bei Beleuchtung die Abteilfenster verdunkelt sind. Wer dagegen verstößt oder Zuwiderhandlungen duldet, wird nach § 9 und 10 des Luftschutzgesetzes oder nach den bahnpolizeilichen Bestimmungen bestraft.«
Und überall wurde vor Spionen gewarnt: »Vorsicht bei Gesprächen! Feind hört mit!«

Vorsicht
bei Gesprächen!
Feind hört mit!

Nach dem Krieg herrschte bei den meisten Menschen Not. Um den Kindern Essen zu kochen, im Winter die kalten Wohnungen zu heizen, mussten die Mütter, deren Männer im Krieg getötet worden oder in Gefangenschaft geraten waren, Kohle beschaffen. Sie klauten Kohle bei der Bahn, wagemutige Frauen kletterten auf die Loks oder auf die Güterzüge mit Kohle. Mancher Eisenbahner hatte Verständnis und half den Frauen. Der katholische Kardinal Frings in Köln rechtfertigte in seiner Silvesteransprache 1946 den Kohlenklau.

Das Feilbieten von Gegenständen, das
gewerbsmässige Musizieren, sowie das
Vorführen von Schaustellungen
ist verboten.
Bahnhofsverwaltung

Verbote und Warnungen sollen schon immer die Reisenden vor Belästigungen schützen und zum Beispiel vor bösen Buben wie den Taschendieben warnen.

Zum Weiterlesen aus dem Verlag transpress

Ernst Blume
Die Eisenbahn-Verkehrsordnung – vom 23. Dezember 1908 nebst allgemeinen Ausführungsbestimmungen
ISBN 978-3-613-71309-3
Seiten 336, Format 110 x 160 mm, gebunden
9.95 € / 14.00 CHF / 10.30 € (A)

Dies ist ein hochinteressanter Beitrag zur Technikgeschichte, der zuerst im Jahre 1908 erschien. Dabei kommentiert der Autor die einheitlichen Grundsätze der Eisenbahnbetriebsordnung: Vom Transport von Expressgut über den von Tieren und Leichen, hier findet sich alles wieder: Lehrreich, unterhaltsam und kurios.

Karl Hellmig
Kurze Winke – für den technischen Praktiker im Lokomotivdienst
ISBN 978-3-613-71381-9
Seiten 152, Abbildungen 37,
Format 110 x 160 mm, gebunden
12.95 € / 18.20 CHF / 13.40 € (A)

Betriebswerkvorsteher Karl Hellmig stellte dieses Buch in den 20er Jahren für den »in der Praxis stehenden Betriebsbeamten« zusammen, dabei verrät der erfahrene Abnahmelokführer wertvolle Tipps aus seiner langen Praxis. Dieser Reprint aus dem Jahr 1928 ist auch heute noch eine wichtige technische Lektüre.

Alfred B. Gottwaldt
Das Berliner U- und S-Bahnnetz - Eine Geschichte in Streckenplänen von 1888 bis heute
ISBN 978-3-613-71449-6
Seiten 88, Abbildungen 104
Format 260 x 220 mm, gebunden
Erscheint: voraussichtlich 08/2013
14.95 € / 19.90 CHF / 15.40 € (A)

Die Geschichte des Berliner U- und S-Bahnnetzes begann 1865 mit einer Pferde-Eisenbahn, die von Charlottenburg zum Brandenburger Tor führte. Nur wenige Jahre später war das Schienennetz bereits so verzweigt, dass die Berliner detaillierte Streckenpläne brauchten, um sich orientieren zu können; mit 40 historischen Plänen.

Alfred B. Gottwaldt
Das Hamburger U- und S-Bahnnetz - Eine Geschichte in Streckenplänen von 1842 bis heute
ISBN 978-3-613-71409-0
Seiten 80, Abbildungen 114
Format 260 x 220 mm, gebunden
14.95 € / 19.90 CHF / 15.40 € (A)

Die zweitgrößte Stadt Deutschlands besitzt bereits seit 1906 eine elektrische Stadtbahn und seit 1912 eine Untergrundbahn. Zurzeit entsteht die neue U-Bahnlinie U 4, die die Hafencity anbinden wird. Diese Chronik beschreibt detailliert den Nahverkehr der Hansestadt und seine Geschichte.

Stand Juli 2013
Änderungen in Preis und Lieferfähigkeit vorbehalten

Überall, wo es Bücher gibt, oder unter:
www.paul-pietsch-verlage.de
Service-Telefon: 0711/98 809 984

trans press